レッツサイエンス！

科学実験&工作

ラボ 1

虹色変換めがね・スーパーボール・磁石と電池のおもちゃ ほか

サイエンスエンターテイナー
五十嵐 美樹

アシスタント
ニャンコーズ

もくじ

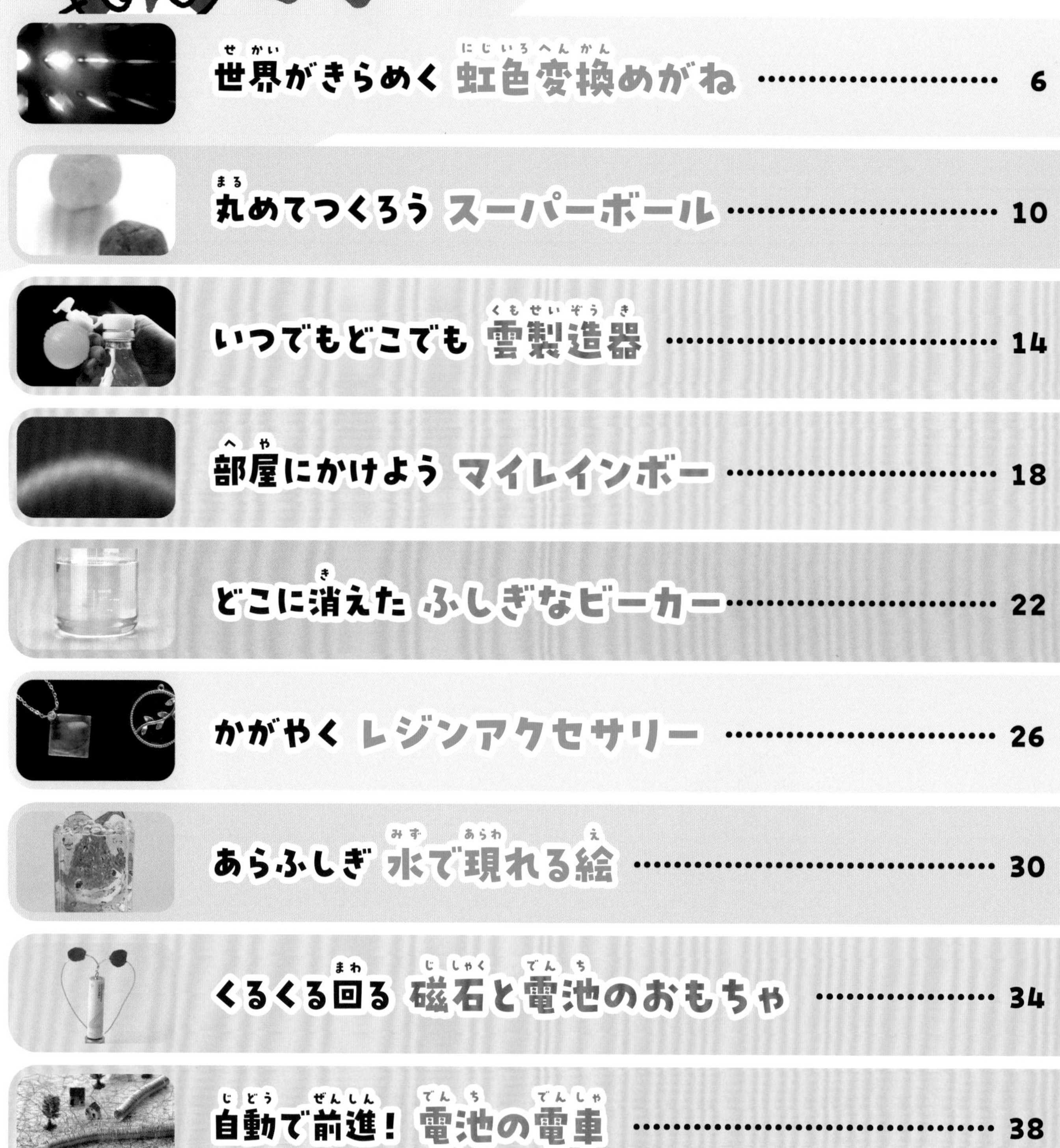

工作が好きな人におすすめ！

食塩と洗たくのりだけでつくれておもしろいよ！

ペットボトルで雲ができちゃう !?
試行錯誤してできたときの達成感が大きいよ！

家にある道具だけで、光が七色の虹になるよ！

あったはずのビーカーが見えなくなる !?
実験好きの人におすすめ！

きれいなアクセサリーをつくりたい人におすすめ♪

科学でふしぎな体験ができるよ。
人を楽しませたい人におすすめ！

くるくる回るおもちゃがつくれるよ。

ぐるぐる巻いた銅線の中をビュ～ンと走る電車は、迫力満点！

天気のいい日に外でする実験だよ！
色によって温まり方がちがうのかどうかがわかるよ。

難易度
★★

この本で出てくる ちょこっと知っておくと 便利な理科用語

屈折
ある物質の中を光や音が進んでいくときに、別の物との境目で折れ曲がること。

磁力
磁石や鉄などと引き合ったり反発し合ったりする磁石の力のこと。

磁界
磁力がはたらいている空間のこと。

磁力線
磁界の様子を線で表したもの。磁力線の間隔がせまいところほど磁界が強くなる。矢印はN極からS極へ向かう磁界の向きを示している。

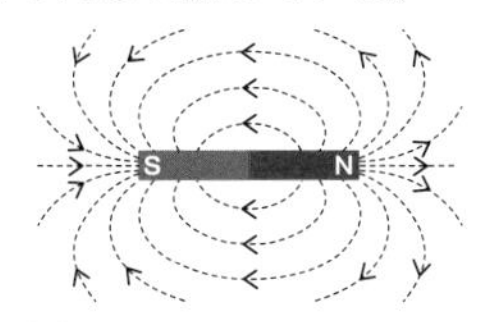

波長
波の山と山（谷と谷）のあいだを測った長さのこと。

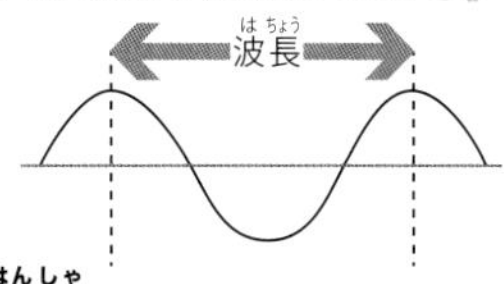

反射
ある物質の中を進む光や音が、別の物質との境目でぶつかって、はね返ること。

実験を始める前に

立ったままのほうが
やりやすい実験もあるニャ。
いすも片づけておくと
いいニャ！

場所を確保しよう！

・室内で行う場合は、換気ができるように、
窓や換気扇のある部屋を選ぼう。
・実験に使うものを飲みこむおそれのある小さい子やペットなどがいない場所でやろう。
・机は広く使えるよう、必要な道具以外は片づけよう。
・燃えやすいものやよごれては困るものは、近くに置かないでね。

使うものをそろえよう！

・気づきを記録するためのノートや筆記用具、机や道具をふくための
ぞうきんは、すべての実験で準備しておこう。
・この本で使うものは、ホームセンターやスーパー、家電量販店、
100円ショップ、インターネットなどで買えるよ。
・道具を買いに行く前に、まずは家にないか調べよう。
・はだがあれやすい人は、どの実験でも、作業用手ぶくろを使うと安心だよ。

道具はひとつのお店だけで
全部そろわなくて、
そろえるのに時間がかかる
こともあるニャ。

道具の使い方をマスターしよう！

・カッターなどの刃物や、使ったことのない道具の使い方には気をつけよう。
使うときは、けがをしないよう、必ず大人に見てもらってね。

もしものときに備えよう！

・実験するときは前もって大人に声をかけて、必ず立ち会ってもらおう。
・けがをしたら、すぐに近くの大人にいおう。

実験の「手順」をよく読もう！

・実験の流れを頭に入れておこう。
　あわてずに正確な実験ができるよ。

後片づけまでが実験ニャ！
実験が終わったあとのごみを
どうやって捨てるのか、
あらかじめ大人に聞いておくと
いいニャ。

博士に変身しよう！

・長い髪は結ぼう。
・動きやすくてよごれてもよい服に着がえよう。
・そでが長い服はそで口を折って、じゃまにならないようにしよう。

この本では実験がうまくいくコツも紹介しているよ。
うまくいかないときは「なぜだろう」という疑問を大切にして
「こうしてみよう」「こうしたらどうかな」と
あれこれ考えて工夫してみてね。
自分なりの仮説を立てることは、実験でとても重要だよ。

レッツサイエンス！

保護者の方へ

■お子さまが実験を行う際は、必ず保護者の方も、道具・材料・やり方にあらかじめ目を通してください。
■実験の際は、最後までお子さまから目をはなさないでください。
■けがをするおそれのある道具を使用する際は、使い方をしっかり指導した上で、そばで見守り、難しい場合は手助けしてください。
■実験後、不要になったものは、地域の分別方法に従って処分してください。
■実験に使うものがあやまって目や口に入ることを防ぐため、顔に近づけないよう指導し、万が一目や口に入ってしまった場合の対処法を調べておいてください。
また、実験に使うものを食べものとまちがえて飲みこむおそれのある、乳幼児やペットなどがいる場所での実験はさけてください。実験でできたものは乳幼児やペットの手の届かない場所に置くか、処分してください。

世界(せかい)がきらめく 虹色変換(にじいろへんかん)めがね

光の色が見える、ふしぎな虹色変換めがねをつくってみよう！

いつもの世界が、虹色変換めがねをかけるだけで、きれいでときめく世界に変わるニャんて！

気をつけよう

・太陽などの強い光は目に刺激があります。
絶対に直接見ないようにしましょう。

まずは準備！

1. 好きな色の画用紙　1枚
2. 分光シート　1枚
3. 定規
4. はさみ
5. カッター
6. 輪ゴム　2本
7. セロハンテープ
8. 両面テープ
9. 懐中電灯

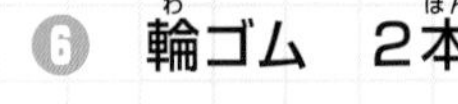

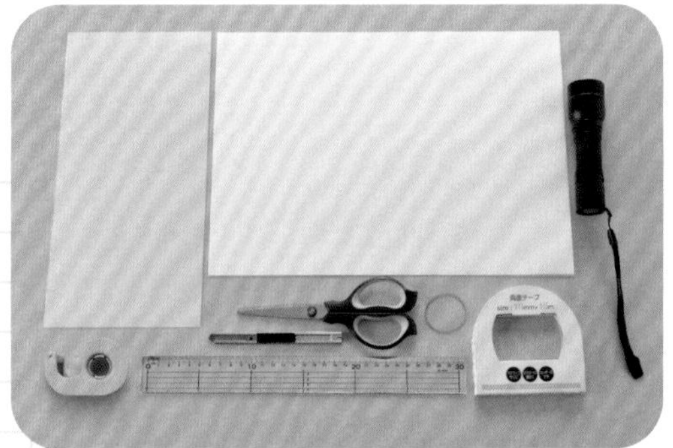

大きさは自分の顔のサイズに合わせて調整するニャ！

やってみよう！

1

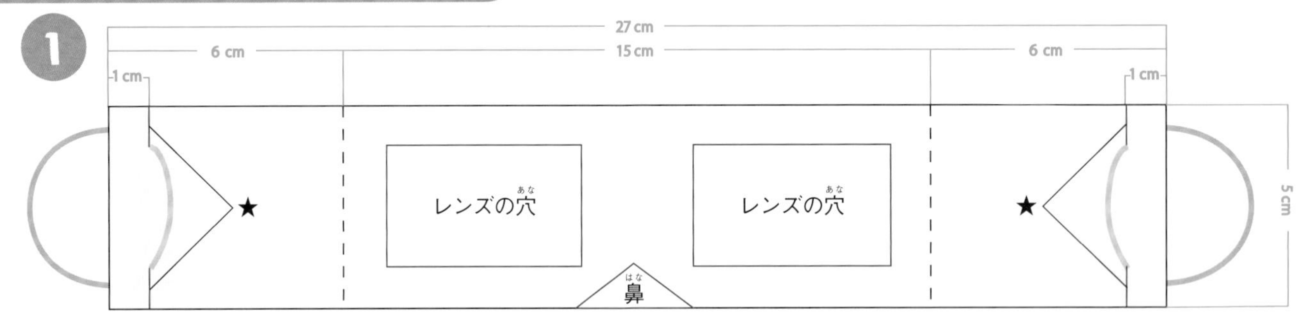

上の設計図を見ながら右の①～④の順番でめがねをつくる。

①画用紙を横27 cm、縦5 cmの長方形に切る。
②赤い線のところをはさみやカッターで切る。
③両はしの切りこみ（★）に輪ゴムをひっかけ、外れないようセロハンテープでとめる。
④点線で山折りにしてめがねの形に整える。

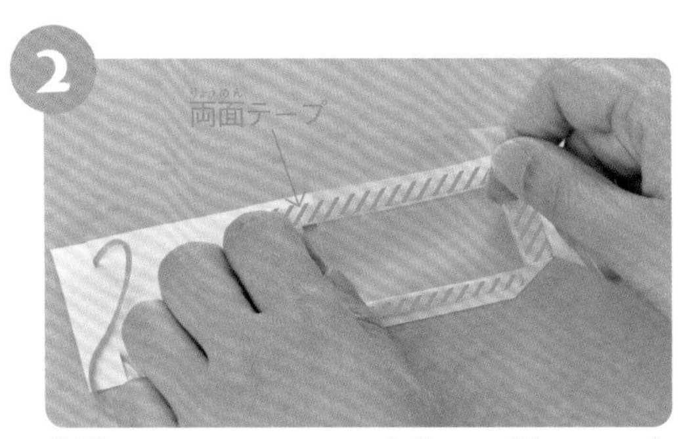

分光シートをレンズの部分より大きめに切り、めがねの内側2か所に両面テープではる。

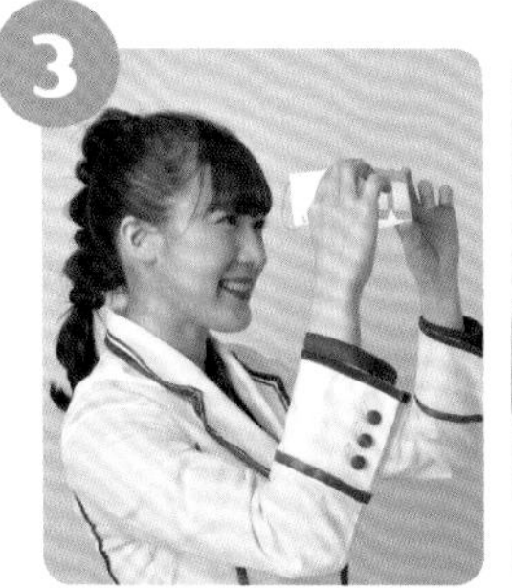

注意！ 太陽などの強い光は直接見ないで、光源からはなれた明るいところを見てね。

めがねをかけて部屋の照明や懐中電灯、まちの明かりなどの光を見る。

どうしてこうなるの？

私たちがふだん見ている白い光は、さまざまな色の光が合わさったものです。いろいろな色の絵の具を混ぜ合わせていくと黒に近づきますが、光は混ぜ合わせるにつれて、明るく白くなっていきます。

そして光には波の性質があります。それぞれの光の色は波の山と山のあいだの長さ「波長」で決まります。虹色変換めがねの材料の分光シートには、小さなみぞが1 mmのはばに数百本と、とてもたくさん刻まれています。

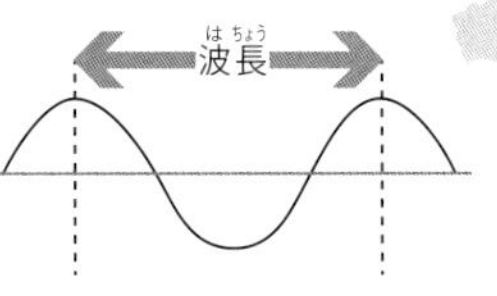

このとてもせまいみぞを光が通ると、白く見える光が波長の順番に分けられて、虹色のように見えるのです。

目に見える光

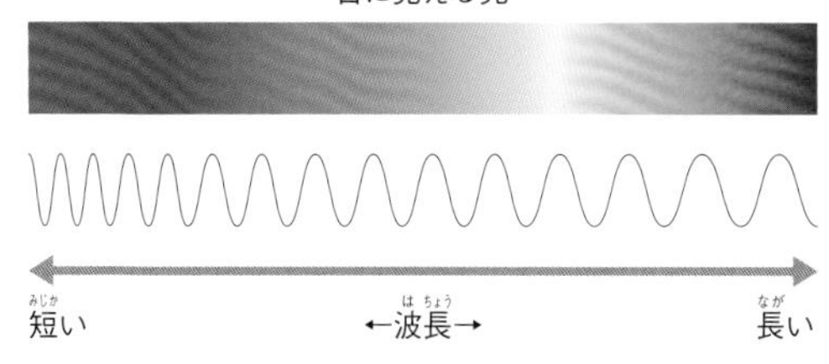

LEDや蛍光灯など照明の種類によっても、光がふくんでいる色はちがいます。いろいろな明かりでちがいを見てみましょう。

分けた光を測定する技術「分光測定」は、いろいろなことに利用されているニャ。例えば、果物に光をあてるだけで甘さを測る機械があるニャ。果物にふくまれる甘みの成分が特定の波長の光を吸収することを利用した技術なのニャ。

ほかにも、遠くの宇宙にあるかもしれない、地球に似たわく星を探す装置にも使われているニャ。

丸(まる)めてつくろう

スーパーボール

好きな色や大きさで、世界にひとつだけのオリジナルスーパーボールをつくっちゃおう！

実はスーパーボールは身近なものでつくれるニャ！

気をつけよう

- スーパーボールをあやまって飲みこむと大変危険です。小さい子やペットが飲みこまないように十分注意しましょう。
- 手をけがしている人や、はだがあれやすい人は、作業用のゴム手ぶくろをしましょう。
- スーパーボールにふくまれる塩分によって、電子機器が故障することがあります。電子機器の近くでは遊ばないようにしましょう。
- スーパーボールで遊ぶときは、人やものにぶつからないように、広い場所で遊びましょう。

まずは準備！

1. PVA洗たくのり　40 mL
2. 好きな色の絵の具　1本
3. 食塩　40 g
4. 100 mLの水を入れたコップ
   プラスチック製や紙製など食器としく使用しないもの。
5. 割りばし　1ぜん
6. キッチンペーパー　2〜3枚

スーパーボールが1〜2個できるニャ。

やってみよう！

1

ポイント
食塩が完全に溶けるまで、よくかき混ぜよう。

コップに入れた水に食塩を少しずつ入れながら、割りばしでかき混ぜて溶かす。

2

ポイント
絵の具は色を調整しながら少しずつ入れてね。

別のコップに入れたPVA洗たくのりに絵の具を入れ、割りばしでゆっくりかき混ぜる。

3

1でつくった食塩水を2でつくった色つきのPVA洗たくのりに入れ、ゆっくりとよくかき混ぜる。

4

ポイント
キッチンペーパーは2～3枚重ねたものを使うといいよ。

割りばしの周りにできたかたまりを、キッチンペーパーの上に取り出して、おしつぶしながら水気を取る。

5

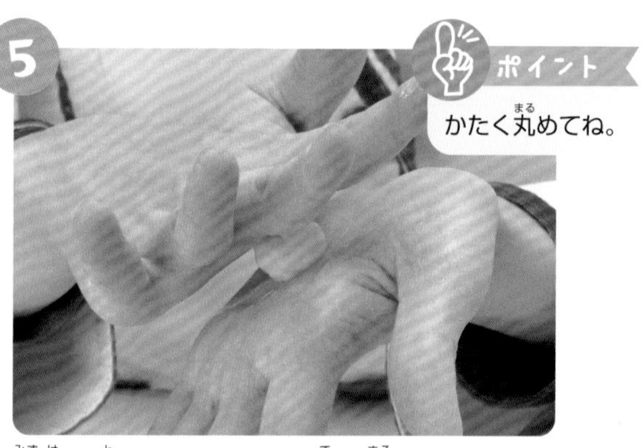

ポイント
かたく丸めてね。

水気を取ったかたまりを手で丸めていく。

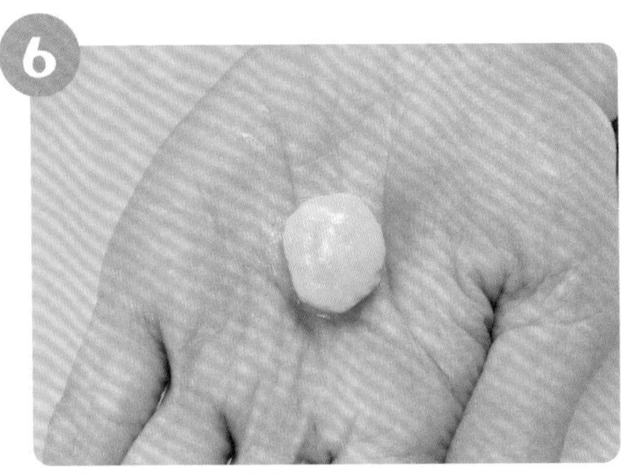

球体になったら完成。はずませてみよう。

完成したてのスーパーボールはやわらかいニャ。水分がぬけてくるとかたくなってよくはねるニャ！遊んだあとは、ポリぶくろなどに入れて乾燥しすぎるのを防ぐと長持ちするニャ。

どうしてこうなるの？

PVA洗たくのりには、水に溶けたPVAという物質がふくまれています。PVAとは、ポリビニルアルコールという名前のプラスチックです。PVA洗たくのりの中に食塩水を入れると、食塩水の中の食塩が、水に溶けたPVAから水をうばっていきます。食塩はPVAよりも水と結びつきやすい性質をもつためです。それにより、水に溶けていたPVAが出てきます。PVAはもともと細いひものような形をしているので、かき混ぜるうちにたがいにからみ合っていき、手で丸めるとスーパーボールになるのです。

ものが溶けている水の中に、溶けているものより水と結びつきやすいものを入れることで、もともと溶けていたものを取り出すことを「塩析」というニャ。塩析によってつくられているものには、豆乳ににがりを入れてつくられるとうふや、牛乳に食塩を入れてつくられるバターなどがあるニャ。

いつでも どこでも 雲（くも）製造器（せいぞうき）

ペットボトルの中に空と似た環境をつくって、雲を出現させせちゃおう！

高い空の上にある雲を
ペットボトルの中につくれるなんて、
すごいニャ！

気をつけよう

・ポンプつき炭酸キーパーは説明書の注意書きをよく読んで使いましょう。
・炭酸キーパーの故障や思いがけないけがの原因になるので、ペットボトルに空気を入れすぎないようにしましょう。

まずは準備！

❶ ポンプつき炭酸キーパー　1個
❷ 炭酸飲料用のペットボトル　1本
写真のペットボトルは430 mL。

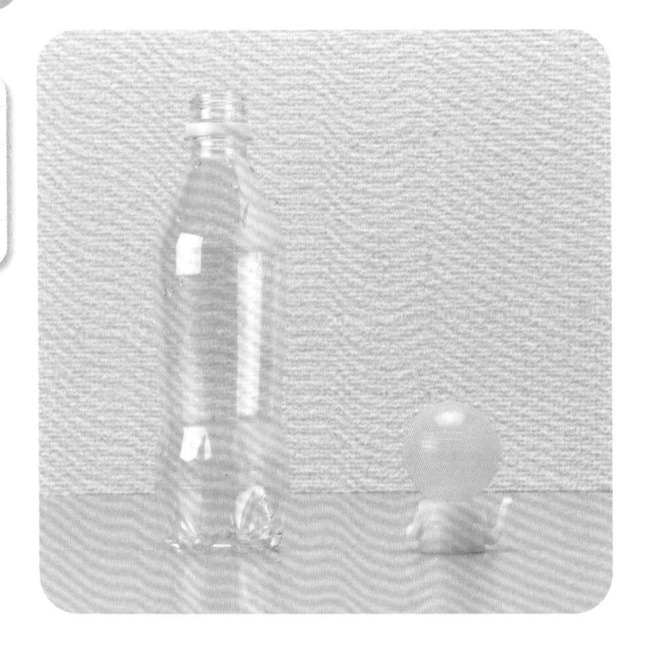

やってみよう！

1

ポイント
炭酸キーパーは、空気がもれたり、取れたりしないように、しっかりペットボトルの飲み口につけてね。

ペットボトルに水を入れ、内側を十分ぬらしたら水を捨てて、炭酸キーパーを取りつける。

このあと空気を入れるニャ。空気を入れる前のペットボトルをにぎって、かたさを確かめておくといいニャ！

2

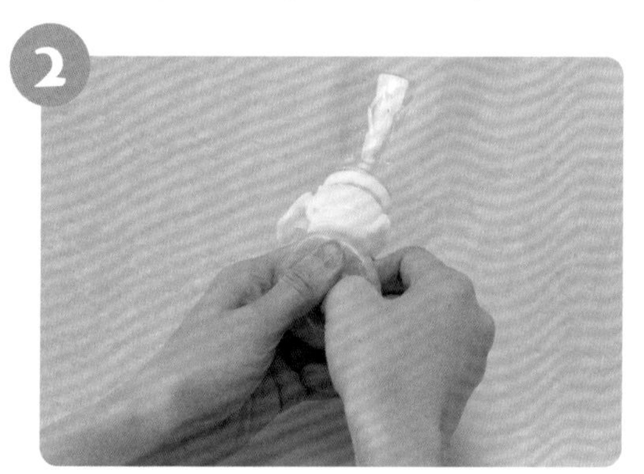

炭酸キーパーのポンプの部分をおして、ポンプがかたくなるまで空気を入れていく。

ペットボトルがパンパンになるまで空気を入れるニャ。

3

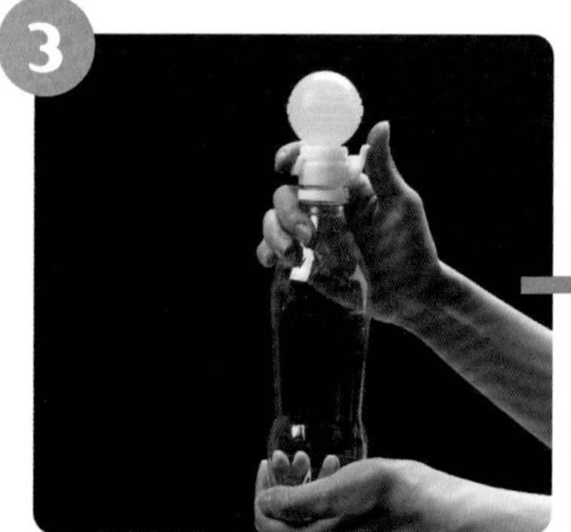

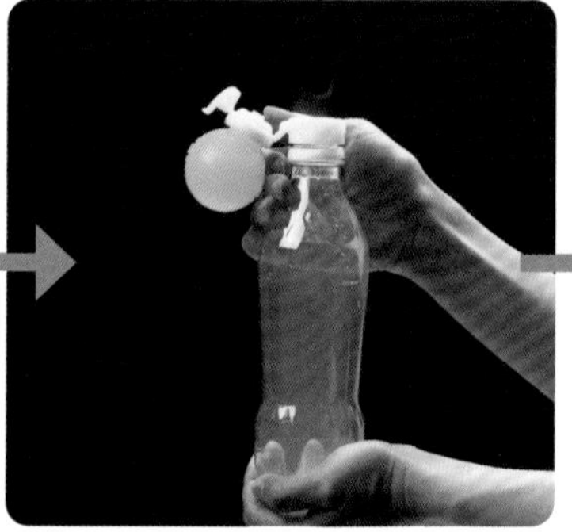

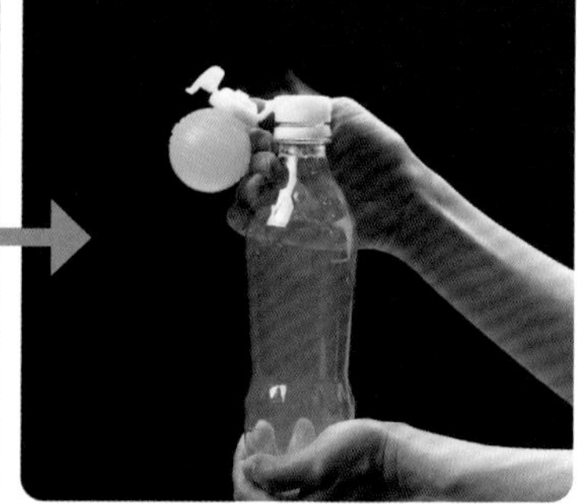

ふたを一気にあけると、ペットボトルの中に白い雲ができる。

何度もためして、うまくいかなかったら、大きさや形のちがうペットボトルに変えてみるニャ！

どうしてこうなるの？

地表付近の空気は、温められると上昇します。しかし、上空は気圧※が低く、空気が膨張して温度が下がります。温度が下がると、空気中にふくまれている水蒸気※は水や氷の小さな結晶になります。これらが空気中の小さなちりなどの周りに集まってできたのが雲です。

今回は、まずペットボトルにたくさんの空気を入れて空気を圧縮し、ペットボトルの中の気圧を高くしました。そのあと、キャップを一気に外すことで、圧縮されていたペットボトルの中の空気が膨張して気圧が低い状態になります。気圧が下がると温度が下がり、ペットボトル内の水蒸気が冷やされます。こうしてまさに空気が地表から上空へ上がったときと同じような状況になり、雲ができたということです。

※気圧…空気がものをおさえつける力のこと。
※水蒸気…水が蒸発して気体になったもの。目には見えない。

空気をぎゅっと圧縮してつめこんで気圧を高くしたり、反対に膨張させて気圧を低くしたりすることで、温度が上がったり下がったりする性質はエアコンや冷蔵庫などに使われているニャ。

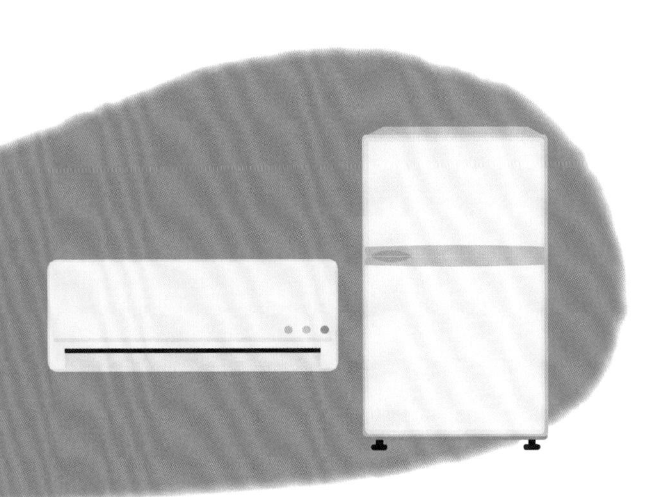

部屋にかけよう

部屋の中に虹をつくることができるよ。どうしてそんなことができるのか考えてみよう！

ふもとまで見える
きれいな虹ができるニャ！

気をつけよう

- 懐中電灯の強い光は目に刺激があります。絶対に直接見ないようにしましょう。
- 水がかかると困るものは、片づけて実験しましょう。
- 電気を消した部屋では転ばないように注意しましょう。

まずは準備！

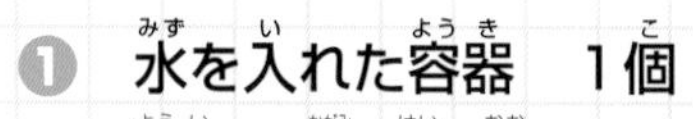

① **水を入れた容器　1個**
用意する鏡が入る大きさのもの。

② **鏡　1枚**
容器に入る大きさのものであれば折りたたみ式でなくてもよい。

③ **懐中電灯**

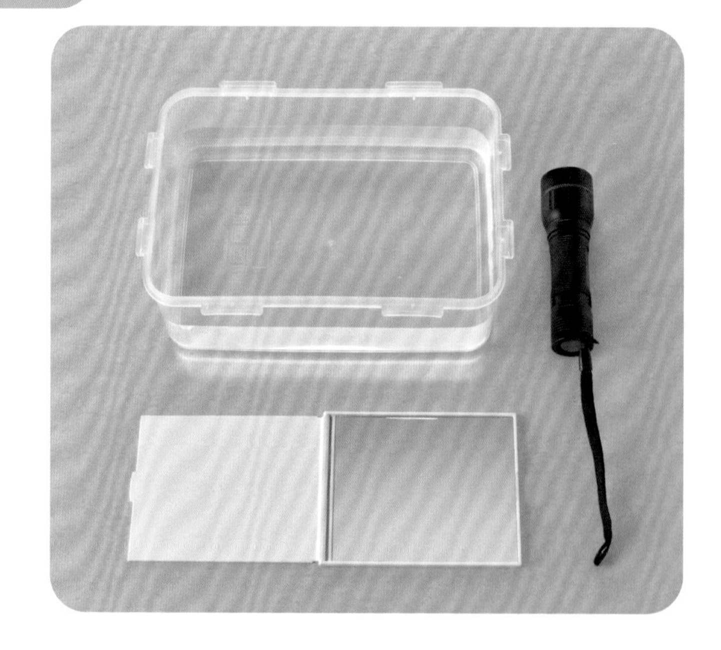

やってみよう！

1

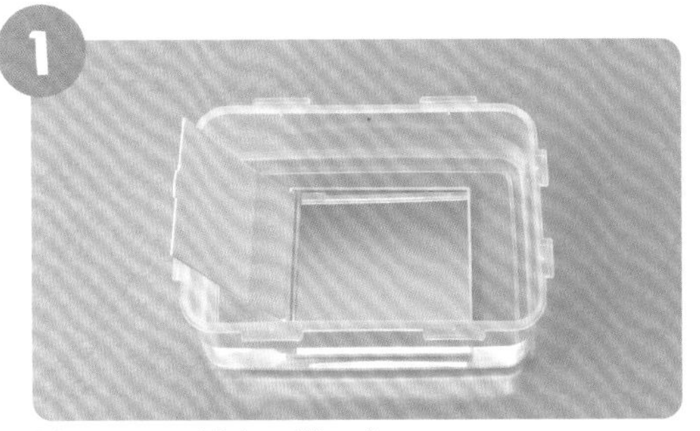

水を入れた容器に鏡を入れる。

2

ポイント
写真は容器の中央から鏡に向けて懐中電灯の光をあてているよ。

懐中電灯をつけてから、部屋の電気を消し、鏡に懐中電灯の光をあてる。

3

ポイント
白い壁ではないときは、虹ができているところに白い紙をはると、虹がきれいに見えるよ。

光をあてる角度を調整すると、壁に虹ができる。

うまくいかないときは水の量や、容器と懐中電灯の位置や角度を調節してみるニャ。電球の種類がちがう懐中電灯を使って、できた虹の色を比べてみるのも楽しいニャ！

どうしてこうなるの？

白い光はいろいろな色の光が混ざり合って白く明るく見えています（9ページ）。

光は波の性質をもっていて、光の色は「波長」で決まります。

波長

短い　長い

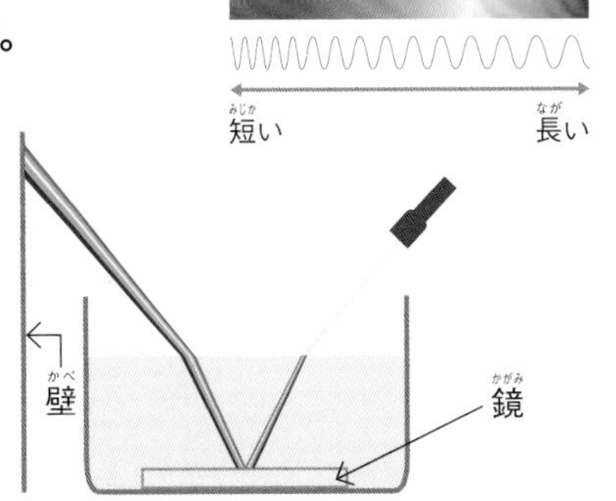

また、光には水や空気、ガラスなど、ちがう物質の境目で折れ曲がる「屈折（25ページ）」という性質があります。波長が短い色の光ほど大きく屈折して、混ざって白く見えていた光が波長の順番に分かれて見えます。

この実験では、空気中から水中に入るときに屈折した光を鏡で反射させ、水中から空気中に出ていくときにまた屈折させています。こうして波長ごとに分かれた光が壁に映って虹が見えたのです。

どこに消えた ふしぎなビーカー

大きなビーカーの中の小さなビーカーが突然消えるよ。

どうしてだろう？

とても簡単なのに、
インパクトがある実験ニャ。
みんなに見せたくなるニャ！

気をつけよう

・油を排水口へそのまま流すと排水管などのつまりや環境汚染の原因になります。地域で定められた分別方法と廃棄方法を確認して、大人と一緒に正しく捨てましょう。

まずは準備！

1. サラダ油　400 mLくらい
2. 水　400 mLくらい
3. 500 mLのビーカー　1個
4. 50 mLのビーカー　1個

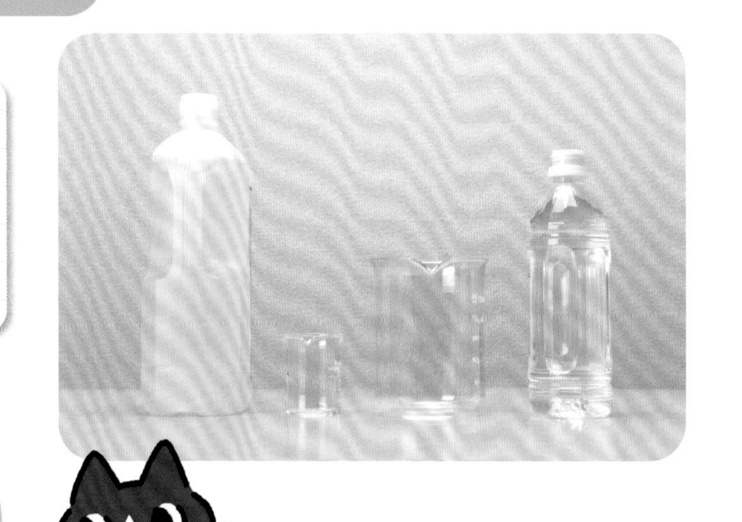

油をこぼさないように
注意するニャ。いらない紙を
しいておくなど、準備するときに
大人に相談して工夫するのニャ。

やってみよう！

1

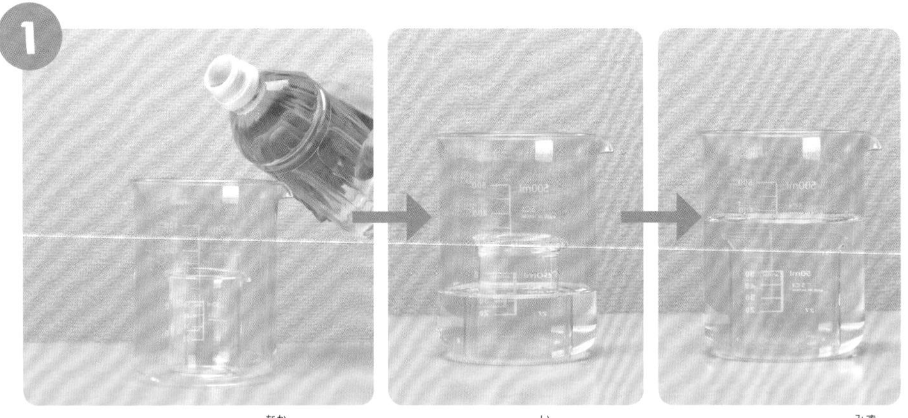

500 mLのビーカーの中に50 mLのビーカーを入れる。50 mLのビーカーに水を注ぎ、50 mLのビーカーから水をあふれさせ、あふれた水の中に50 mLのビーカーがすべて入るまで水を注ぐ。真横からのぞきこんで、2個のビーカーが見えることを確認する。

ビーカーは
まだ
見えるニャ〜。

2

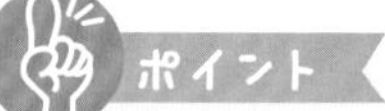

少し注いだら手を止めて50 mLのビーカーの様子を観察してみよう。

水を捨ててビーカーをふいたら、❶と同じようにサラダ油を静かに注いでいく。50 mLのビーカーの輪郭が消えて白いメモリだけが浮いて見える。

水のときは
見えていた
ビーカーが、
油だと見えなく
なるニャ！

どうしてこうなるの？

光には、水と空気、空気とガラスなど、ちがう物質の境目で折れ曲がる性質があります。これを「屈折」といいます。光が屈折するとき、光の一部が境目ではね返ります。これを「反射」といいます。反射した光を見て、私たちは、そこに境目があると認識しています。透明なコップを水の中に入れても、コップがそこにあるとわかるのはそのためです。

しかし、折れ曲がり具合はものの種類によって決まっています。サラダ油とガラスは境目でほとんど屈折しません。だから、サラダ油とビーカーの境目では光の反射が起こらず、境目があることがわからなくなり、50 mLのビーカーが見えなくなったのです。

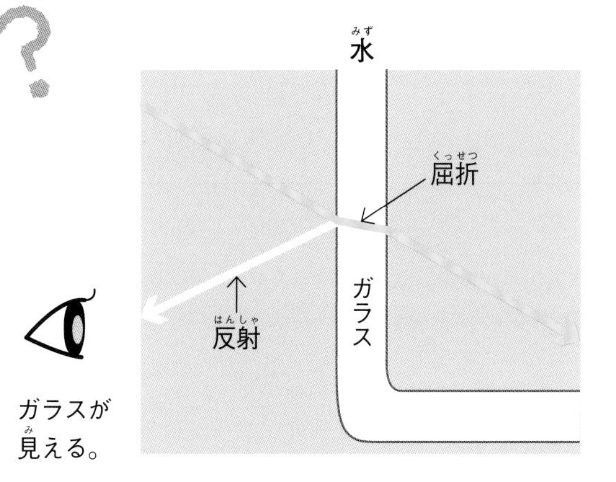

ガラスが見える。

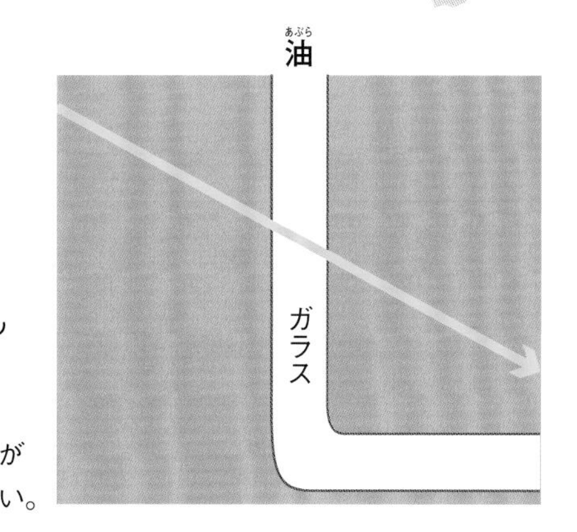

ガラスが見えない。

ものが見えるってどんなことか考えてみるニャ。真っ暗なところでは何も見えないニャ。ものがピカーッと光ったり、あたった光をはね返したりして、ものからきた光が目に入ることで、初めて見ることができるんだニャ。外が真っ暗なときに、明かりをつけると窓が鏡のようになるのは、外から入ってくる光がほとんどなくて、家の中の光を窓ガラスが反射したものが見えているからなんだニャ。

かがやく
レジン
アクセサリー

レジンに光をあてるだけで、キラキラのアクセサリーができるよ。

どうして光だけで固まるんだろう？

好きな形や色で
自分だけの宝石ができるニャ！

気をつけよう

- 手にUVレジンがつかないよう、必ず作業用手ぶくろをはめてください。
- 換気をしながら作業しましょう。
- ブラックライトは目に刺激があって危険です。絶対に直接見ないようにしましょう。
- レジンは固まるとき熱くなります。型から取り外すときは、注意してください。
- 小さい子があやまってレジンを飲みこまないよう注意しましょう。

まずは準備！

1. 好きな色のUVレジン
2. 作業用手ぶくろ
   ゴム製のもの。
3. UVレジン用の型　1個
   やわらかい材質のものが取り出しやすい。
4. ブラックライト

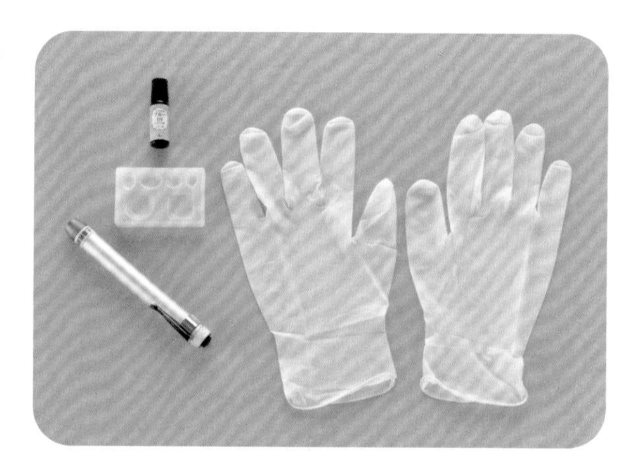

やってみよう！

ポイント
ライトをあてる時間は3分くらいだよ。ただし、光の強さや型の厚みによっても差があるよ。

1

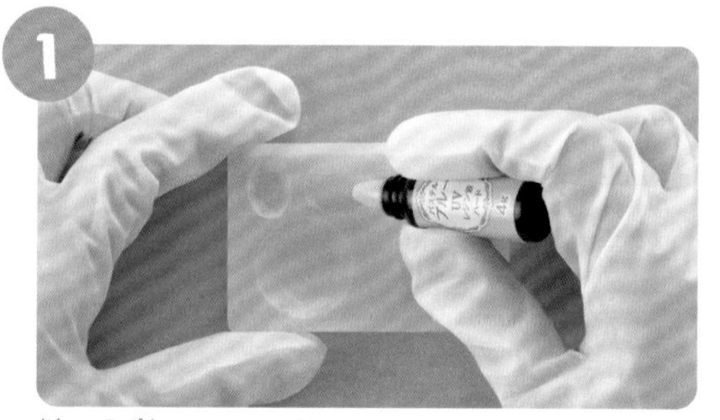

型にUVレジンを入れる。

2

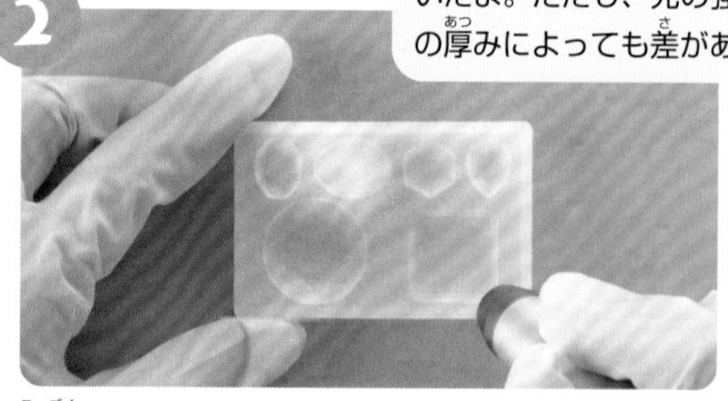

UVレジンにブラックライトをあてて、固める。

3

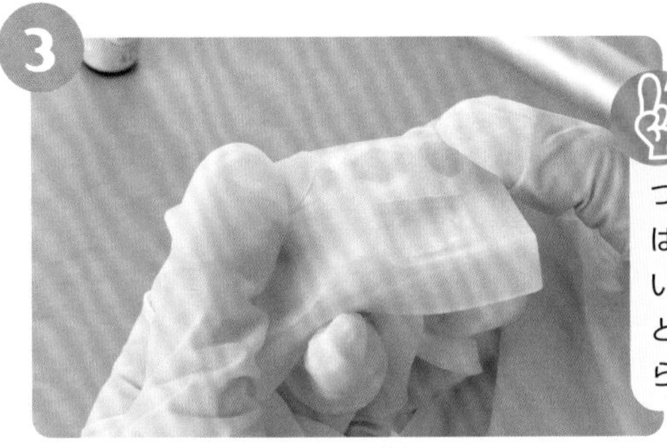

ポイント

つまようじなどで、はしのほうをつついて、固まったかどうか確認してから外そう。

固まったレジンを型から外す。

光をあてるだけで
あっというまに
固まったニャ！

どうしてこうなるの？

UVレジンは、紫外線という光によって液体から固体になる樹脂です。UVレジンにはモノマーやオリゴマー、光重合開始剤などが入っています。

モノマーはレジンのもとになるものです。オリゴマーはモノマー同士が結びついたものです。UVレジンのモノマーやオリゴマーは液体ですが、刺激を受けるとどんどん結びついていって固体に変化する性質があります。このように結びついていくことを「重合」といいます。

レジン液に紫外線をあてるとそのエネルギーを吸収した光重合開始剤がモノマーやオリゴマーに刺激をあたえ、刺激を受けたモノマーやオリゴマーが重合を始め、固まります。ブラックライトは放射する光のほとんどが紫外線のため、すぐにレジン液が固まってアクセサリーができたのです。

紫外線をあてると・・・

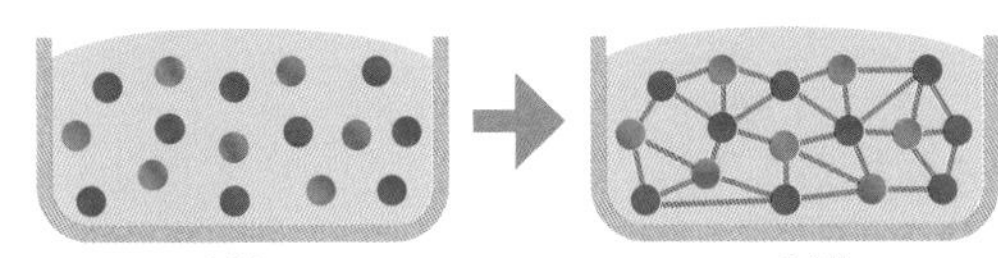

太陽にも紫外線はふくまれている！
時間はかかるけど、太陽でもUVレジンは固まるよ。

光をあてると固まることを「光硬化」というニャ。光をあてると固まるUVレジンは「光硬化樹脂」のひとつニャ。光硬化樹脂は、歯医者さんで使うつめものや、指のつめをぷっくりとつやつやに見せるジェルネイルなどに利用されているニャ。

あら ふしぎ 水(みず)で 現(あらわ)れる絵(え)

消臭ビーズに水を入れると絵が現れるよ。

消臭ビーズのひみつを探ってみよう！

絵が現れるふしぎな現象に
ワクワクだニャ！

気をつけよう

◉実験に使う消臭ビーズには水でふくらむ性質があります。
- あやまって体の中に入ると大変危険です。口や鼻、目や耳などに近づけないようにしましょう。
- 小さい子やペットが、飲みこんだり鼻や耳に入れたりしないように、実験をする場所や道具の置き場所には、十分注意しましょう。
- ふくらんだ消臭ビーズが容器からあふれ出さないよう、実験後は早めに水を捨てましょう。

まずは準備！

❶ 無色の消臭ビーズ
消臭剤に入っている。

❷ 水
準備した容器を満たせる量。

❸ 透明な容器　1個

❹ 絵　1枚

やってみよう！

1

透明な容器の外側に、絵の面を内側にしてはる。

いろいろな
絵をかいてみてニャ。

2

透明な容器に消臭ビーズを入れて絵をかくす。

3

水を注ぐ。注いでいくと、下からだんだんと絵が見えてくる。

! つくったものは処分するか、小さい子やペットの手が届かない場所に置いてください。

絵をはる代わりに、ぬれても問題ない置物を中に入れてもおもしろいニャ。いろいろためしてみるニャ！

どうしてこうなるの？

光は、水とガラスや、ガラスと空気のように異なる物質を通るとき、その境目で「屈折」し、一部の光は「反射」します（25ページ）。そして、物質によって光が屈折する角度がちがいます。

消臭ビーズはほとんど水でできているので、空気中では、光がビーズ一つひとつの表面（水と空気の境目）で屈折と反射をするため、向こう側が見えにくくなります。

しかし容器の中に水を入れると、水の中に水があるのと同じようになり、屈折や反射がほとんどなくなります。これにより、一つひとつの消臭ビーズがどこにあるかがわからなくなります。そして、ビーズの向こう側にある絵は、ただ水を通して見たように見えるのです。

消臭ビーズは高吸水性ポリマー※という樹脂に、においを消す成分を溶かした水をふくませたものだニャ。高吸水性ポリマーは消臭ビーズのほかに、紙おむつや携帯トイレに使われているニャ。土に混ぜると乾燥した場所でも水分を保っておけるから、砂漠で植物を育てることにも応用されているニャ。一方で、高吸水性ポリマーはきちんと処理しないと環境に悪影響をおよぼすこともあるニャ。

※高吸水性ポリマー…水を多く吸収し、吸収した水を保持する性能がある。プラスチックの一種。

くるくる回(まわ)る 磁石(じしゃく)と電池(でんち)のおもちゃ

電池と磁石と銅線だけで、動くおもちゃがつくれるよ！

くるくる回ってかわいいニャ！

気をつけよう

◉ネオジム磁石はとても強い磁石です。

- あやまって体の中に入ると大変危険です。口や鼻、耳などに近づけないようにしましょう。
- 小さい子やペットが飲みこまないように、実験をする場所や使うものの置き場所には十分注意しましょう。
- ゲーム機や磁気カード、パソコンなどは、こわれてしまう危険があるので、近づけないようにしてください。
- 磁気を発するものは近くに置かないようにしてください。磁石と反応して、思わぬ方向に飛んでいくおそれがあります。
- 磁石をあつかうときに指をはさまないように気をつけましょう。
- 磁石を外すときは、横にずらすようにして外しましょう。
- 銅線は電気を通します。あつかいには十分注意しましょう。
- 銅線に電気が流れ続ける（回し続ける）と電池が発熱するので注意しましょう。

まずは準備！

1. 銅線　50 cmくらい
2. ニッパー
3. アルカリ電池　1本
   軽くて、磁石にくっつくもの。
   写真は単4電池。
4. ネオジム磁石　3～5個
   電池よりも直径が一回り大きいもの。写真は13 mmのもの。

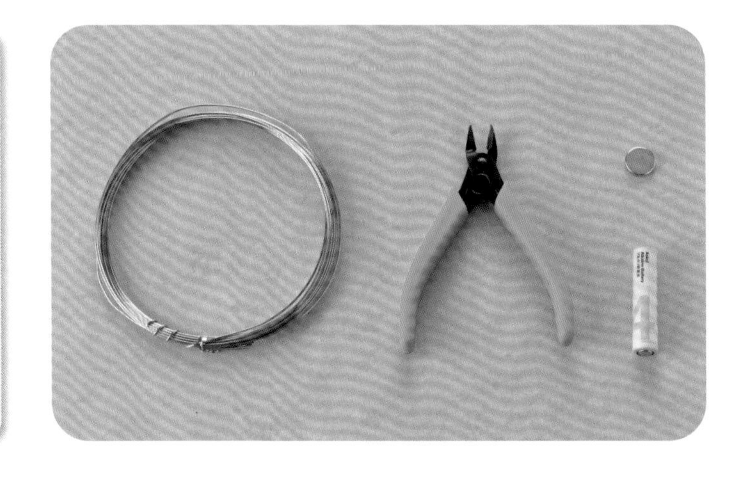

やってみよう！

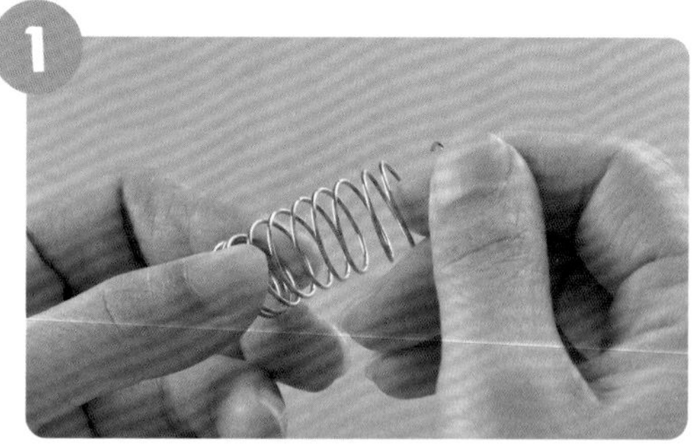

1 電池にのせる銅線をつくる。写真は電池より太めの棒に巻きつけてらせん状にして、ニッパーで切り、広げたもの。

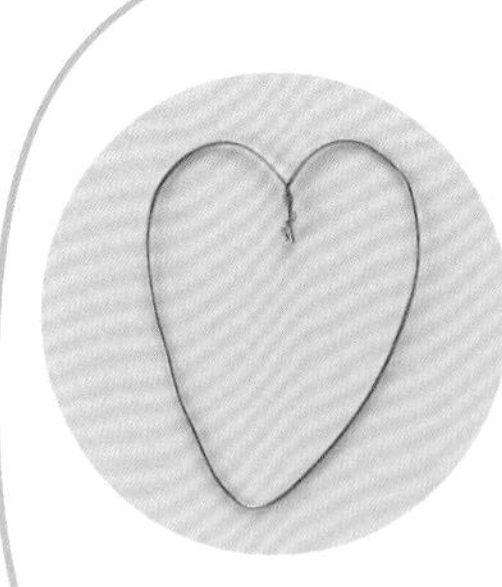

銅線は、らせん状でも左のようなハートの形でも左右対称に近くて回りやすければなんでもいいニャ。
1の写真と同じようにつくりたい人は、40ページの棒に巻きつけるとつくりやすいニャ！

2 軸となる部分をつくる。

電池のプラス極にのせるので、軸は電池の中心にくるようにつくるよ。

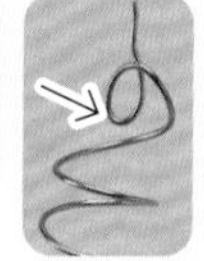

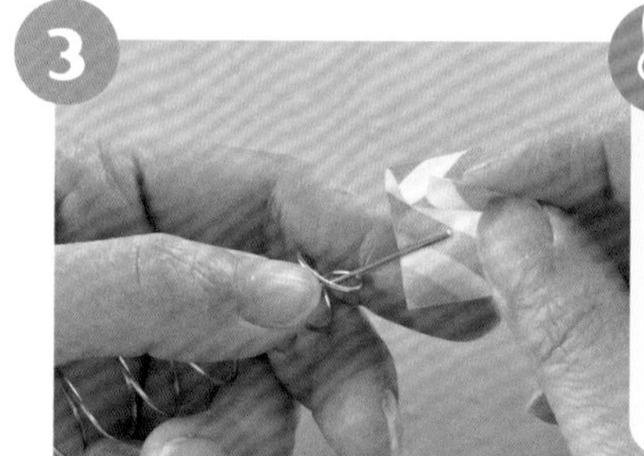

3 銅線にかざりをつける。写真はマスキングテープを利用している。

ポイント

重さが左右にかたよらないようにつけてね。マスキングテープで旗をつくっても楽しいよ。

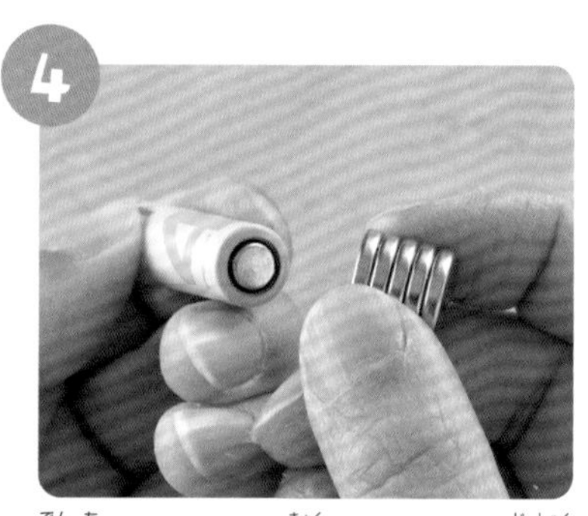

4 電池のマイナス極にネオジム磁石をつける。

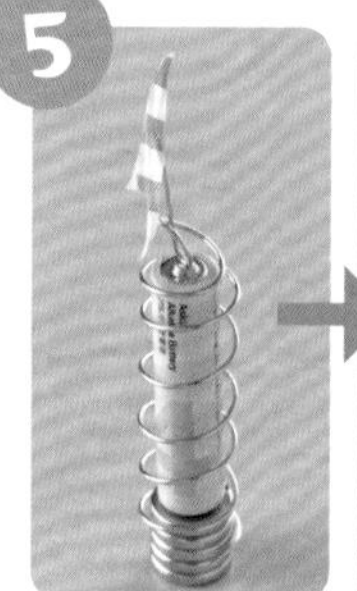

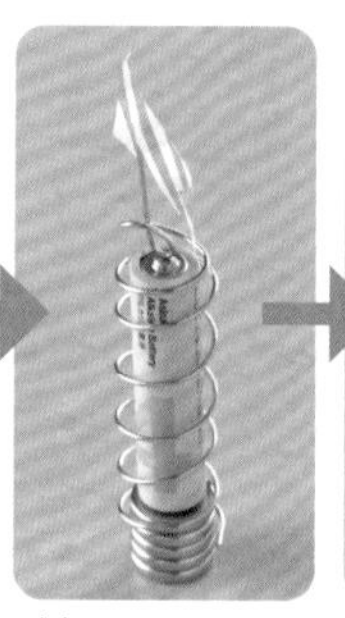

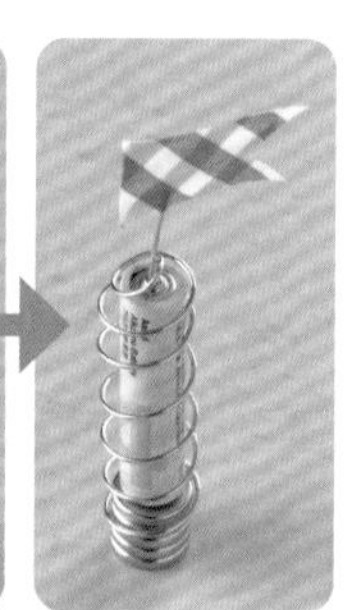

5 ネオジム磁石が下になるように電池を立てる。電池のプラス極の突起に銅線の軸をのせて手をはなすと、回転し始める。

注意！

長時間回転させたり動かしたりすると電池が熱をもつので、短時間でやめるようにしてね。

回転速度がおそいときや、回転しないときは、写真のように銅線の長さがネオジム磁石のところまで届いているか確かめてニャ。

！ つくったものは処分するか、小さい子やペットの手が届かない場所に置いてください。

どうしてこうなるの？

電池にはプラス極とマイナス極があり、銅線でこのふたつをつなぐと電流が流れます。実験ではマイナス極にネオジム磁石をくっつけた電池を使います。ネオジム磁石は電気を通すので、銅線の一方をこの電池のプラス極につけ、もう一方をネオジム磁石につけると、銅線に電流が流れます。

磁石からは鉄などを引きつける力「磁力」が出ています。磁力がはたらく空間「磁界」の様子を表したのが「磁力線」です。

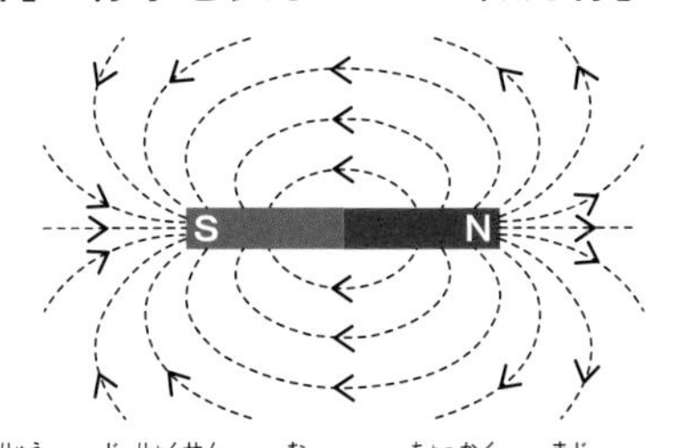

電流が磁力線の向きと直角に交わるように流れると、その両方と直角に交わる向きに力がはたらきます。

例えば下の図のように、磁力線が右向きの矢印で、銅線を流れる電流が下向きの矢印のときには、奥から手前に向かうような力が銅線にはたらきます。この力で銅線はプラス極を中心に回るように少し動きます。動いたあとも磁力線と電流の向きによって、力は銅線を同じ方向に回すようにはたらき続けるので銅線はくるくると回り続けるのです。

電流と磁力線と力がはたらく向きの関係は、下のフレミングの左手の法則の説明も読んでください。

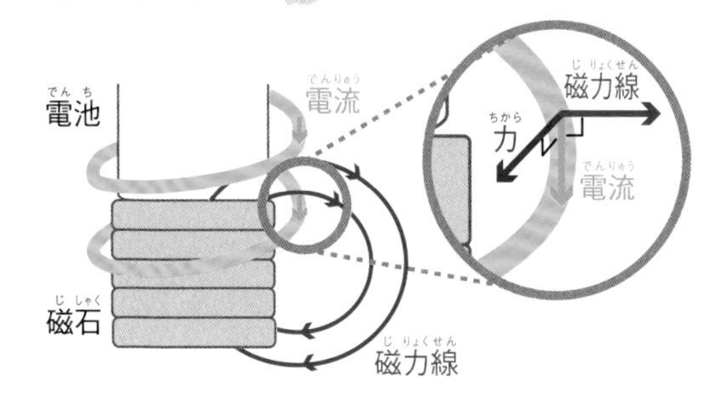

右の図のように、手の指を使うと磁力線と電流、力がはたらく向きがすぐわかる便利な法則があるニャ。イギリスの物理学者、ジョン・フレミングが考え出した法則で、「フレミングの左手の法則」というニャ。

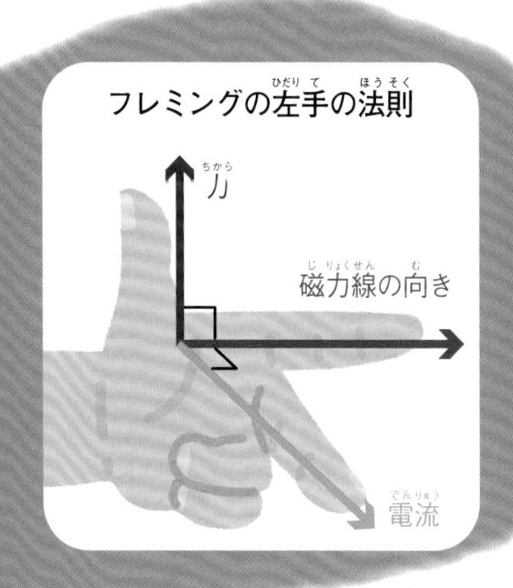

自動で前進！電池の電車

グルグルと巻いた銅線の中に入れるだけで電池の電車が目に見えない力で動き出すよ。

どんな力なのかな？

びゅんびゅん進むニャ！

気をつけよう

◉35ページの「くるくる回る磁石と電池のおもちゃ」の「気をつけよう」をよく読みましょう。

・小さい子やペットが飲みこまないように、実験をする場所や使うものの置き場所には十分注意しましょう。

・コイルのとちゅうで電車が引っかかってしまったらすぐに電車を取り出しましょう。コイルや電池が熱くなります。

まずは準備！

1. ネオジム磁石　6個
2. 銅線　5 mくらい　太さ0.9 mmのもの。
3. 単4電池　1個
4. 小さい輪ゴム　1本
   ネオジム磁石を電池のプラス極に安定してくっつけるために使う。
   プラスチックワッシャー（うすい円形で円の中心に穴がある）でもよい。
5. 銅線を巻くための棒　1本
   ネオジム磁石よりも一回り大きい太さのもの。
6. ニッパー

5 mの銅線で、12〜15 cmの長さのコイルができるニャ！

やってみよう！

1

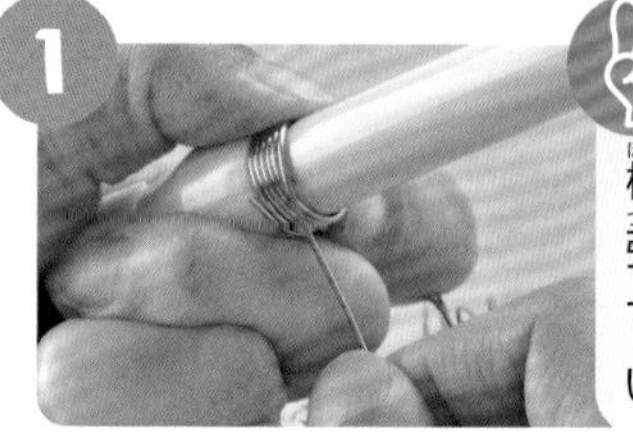

銅線を棒に沿って巻いていき、巻き終わったら棒を外す。

ポイント

棒に密着させるように強めに銅線を巻きつけてね。すき間なく、ていねいに巻こう。

2

電池のプラス極の突起の周りにゴムを二重の輪にして置き、ネオジム磁石を3個つける。

注意！

ネオジム磁石と電池は強くくっつくよ。指をはさまないように注意してね。

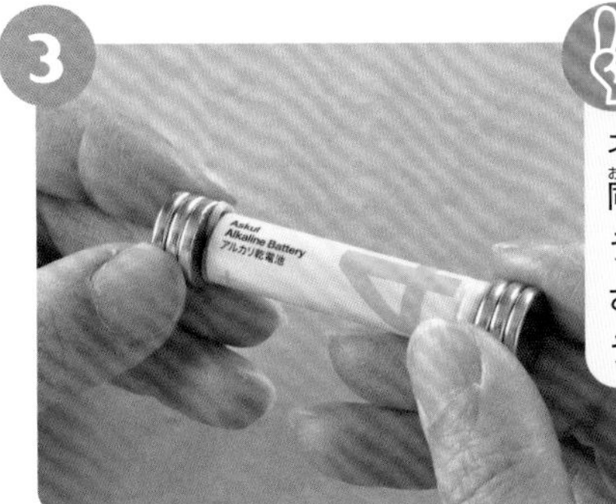

3

ポイント

ネオジム磁石は、同じ極（反発し合う極）が、電池をはさんで向き合うようにくっつけるよ。

電池のマイナス極に、残りのネオジム磁石をつける。

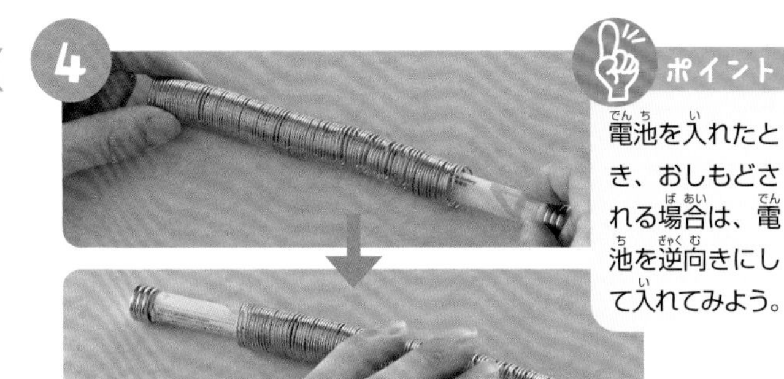

4

ポイント

電池を入れたとき、おしもどされる場合は、電池を逆向きにして入れてみよう。

コイルの中に電池を入れると、すべるように動き出す。

！ つくったものは処分するか、小さい子やペットの手が届かない場所に置いてください。

どうしてこうなるの？

磁石は電気を通すので、コイル※の中にネオジム磁石をつけた電池を入れると、ネオジム磁石にふれたコイルに電気が流れます。コイルは、電気が流れると、電磁石※になります。

右の図のように、電磁石の右側がＳ極で、左側がＮ極、電池の電車の外側はどちらもＳ極になっている場合で考えてみましょう。

電池の電車のネオジム磁石（Ｓ極）は、電磁石の左側（Ｎ極）と引き合います。そして、電磁石の右側（Ｓ極）とは、Ｓ極同士で反発します。だから電車は引き合っている左側に進みます。電車が少し左に移動すると、移動した先のコイルをまた電磁石にします。そして、左側は引き合い、右側は反発して、左に移動します。このくり返しで、電車は右から左に移動していくのです。

コイルを巻く向きや、電池の入れる向き、磁石の極のどちらを外側にしたかで、電車が進む向きは変わりますが、「コイルが電磁石になって電車の磁石の片側と引き合い、もう片側と反発して電車が進む」という仕組みは変わりません。

※コイル…電気の流れる線をぐるぐると巻いたもの。
※電磁石…電気を通しているあいだだけ磁石になるもの。

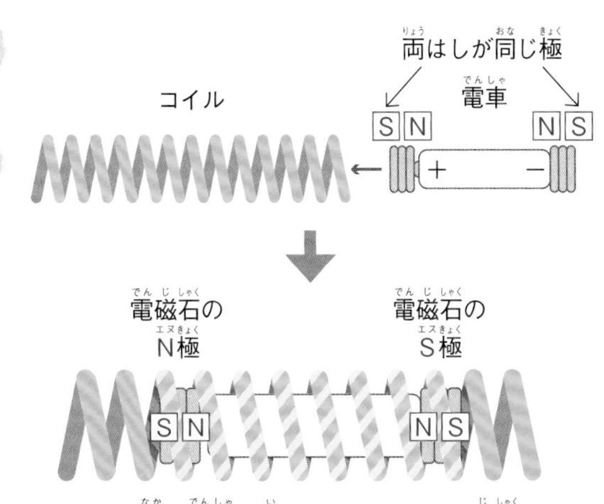

コイルの中に電車を入れると、ネオジム磁石とコイルがふれたところに電気が流れて、コイルの斜線の部分が電磁石になる。

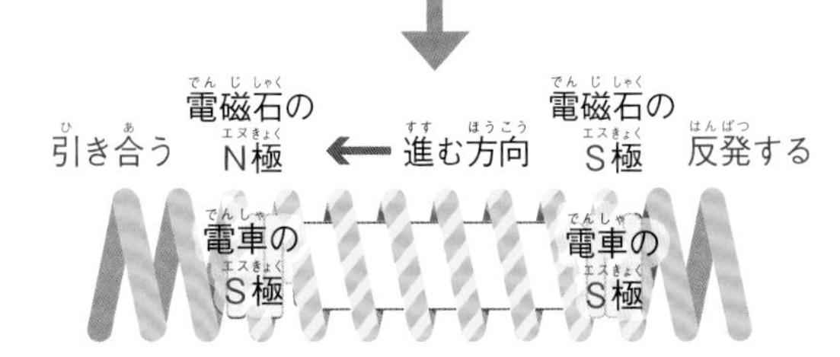

電磁石のＮ極と電車のＳ極は引き合い、電磁石のＳ極と電車のＳ極は反発するため、電車が左に進む。

カラフルで楽しい 温まりやすい色 温まりにくい色

「温まりやすい色」と「温まりにくい色」があるって本当かな？　外で実験してみよう！

天気のいい夏の日に外でやる実験ニャ！

気をつけよう

- 温度計はいろいろな種類があります。説明書をよく読んで正しく使いましょう。
- 熱中症対策をして、日かげなど休める場所を確保してから行ってください。
- 小さい子があやまって色水を飲まないように注意しましょう。
- 道具や色水は必ず家に持ち帰りましょう。

まずは準備！

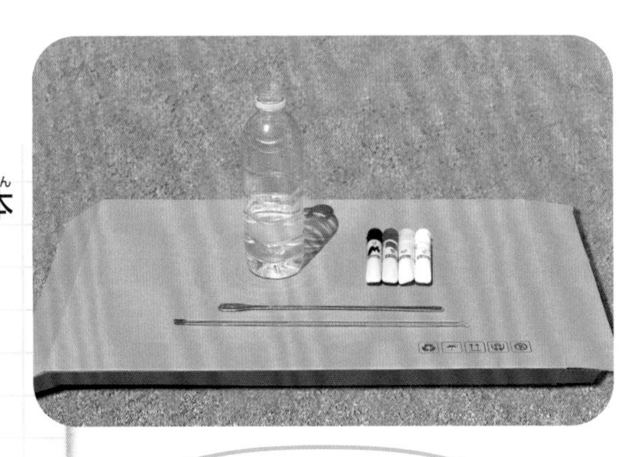

❶ 水を入れた500 mLのペットボトル　4本

すべてのペットボトルに同量の水を入れる。
量は左の写真くらい。
公園などで実験を行う場合は色水を持ち帰る必要があるので、キャップも捨てずにとっておく。

❷ 水彩絵の具　4色

黒、赤、黄、白の4色。

❸ 段ボール　1枚

地面から伝わる熱の影響をさけるために使う。
代わりに発泡スチロールなどを使用してもよい。

❹ 温度計　1本

短時間で温度がわかる調理用のデジタル温度計なども便利。

❺ かき混ぜるための棒　1本

ペットボトルより長いもの。

水道がある公園なら水は持っていかなくてもいいニャ！

やってみよう！

実験は夏がおすすめニャ。
ただし、夏はとっても暑いニャ。
必ず熱中症対策をするニャ！

1

ポイント
色水の色がうすいと、温度にちがいが出ないよ。はっきりと色がわかるこさになるよう絵の具の量を調整しよう。

４本のペットボトルの水に、それぞれ同じ量の黒、赤、黄、白の絵の具を入れ、棒でかき混ぜて色水をつくる。

2

ポイント
ペットボトルは写真のようにはなして並べよう。となりのペットボトルの影になってしまうと、水温が正しく変化しないよ。温度計はペットボトルに入れたままにしないでね。

日向に段ボールをしき、ペットボトルを並べる。温度計を入れて15分ごとに温度を測る。

3

ポイント
「雲で日がかげる」などの気象条件も記録しよう。左下の絵のように記録するとわかりやすい。結果をグラフにまとめることもできるよ。

測った温度を記録する。

●月▲日　場所　庭

時　間	色・温度				天気の変化
	黒	赤	黄	白	
スタート 10：00	28 ℃	28 ℃	28 ℃	28 ℃	晴れ　やや雲がある
10：15	32 ℃	31 ℃	30 ℃	29 ℃	晴れ
10：30	35 ℃	34 ℃	32 ℃	31 ℃	晴れ　風が強い
10：45	36 ℃	34 ℃	33 ℃	31 ℃	晴れ　風が弱まる

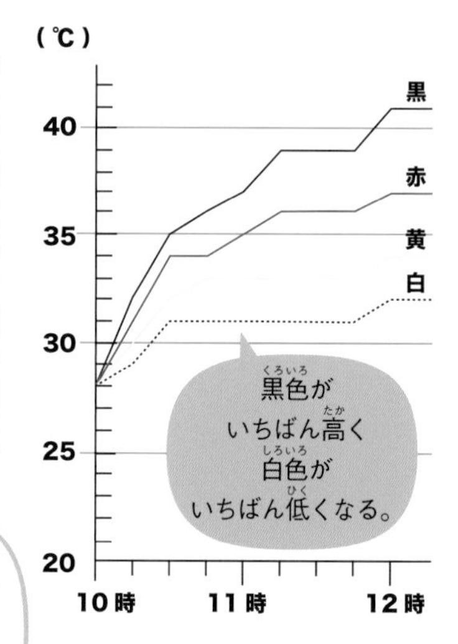

上にあるのは記録の取り方とグラフの例ニャ。
記録をもとに温度の変化を
グラフにまとめるとちがいがよくわかるニャ。

どうしてこうなるの？

白い光はいろいろな色の光が混ざり合って白く見えています（9ページ）。光のうち、吸収されずに「反射」（25ページ）した光の色が、ものの色として見えています。

黒い色水は、ほとんどの光を吸収してしまうため黒く見えます。白い色水は、ほとんどの光を反射するため白く見えます。

太陽の光でものが温まるのは、ものが吸収した光を熱に変えるためです。だから、ほとんどの光を吸収する黒い色水は温まりやすく、温度がいちばん高くなりました。一方、ほとんどの光を反射する白い色水は温まりにくいため、ほかの色よりも温度が低かったのです。

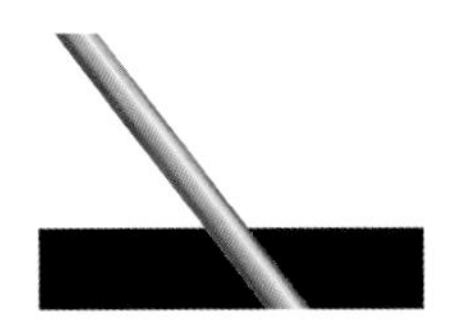
光がほとんど吸収されると黒く見える。

赤い光が多く反射されると赤く見える。

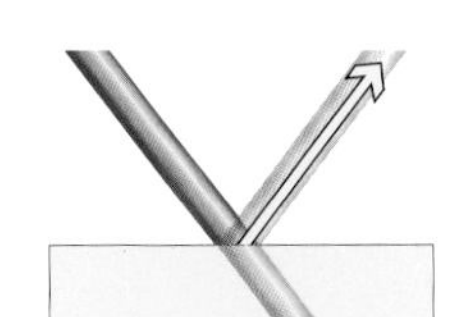
黄色の光が多く反射されると黄色に見える。

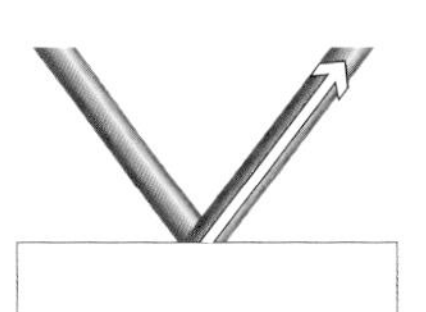
光がほとんど反射されると白く見える。

上の図の中で虹色にかかれている光は、実際には混ざり合って白く見えているよ！

黒い色は、太陽の熱で水を温めて、お湯をつくる装置「太陽熱温水器」にも利用されているニャ。太陽光がよくあたる屋根などに設置されているニャ。太陽光を利用したエネルギーは、再生可能エネルギーと呼ばれているニャ。

自由研究のまとめ方

わかりやすくするためにおさえておきたい８つの項目を紹介するよ！

①タイトル

はずむ洗たくのり！
～スーパーボールのなぞ～

一目でどんな実験かわかるタイトルをつけよう！サブタイトルをつけてもいいね。

②目的 きっかけ

オリジナルのスーパーボールをつくれたら楽しいと思ったから。

どうしてこの実験を選んだのか理由をかこう！ 自分なりのきっかけや疑問でもいいよ。

③予想

絵の具が洗たくのりと混ざるとかたくなってボールになる。

「こうなるのかもしれない？」と考えて、予想したことをかこう。

④使ったもの やり方

【実験した日】2023/8/5
【使ったもの】PVA洗たくのり、絵の具、食塩、割りばし…
【や　り　方】食塩水をつくり、PVA洗たくのりを混ぜ合わせ…

実験した日、時間、場所、準備したもの、どのように実験したかわかるやり方・手順などをかこう。

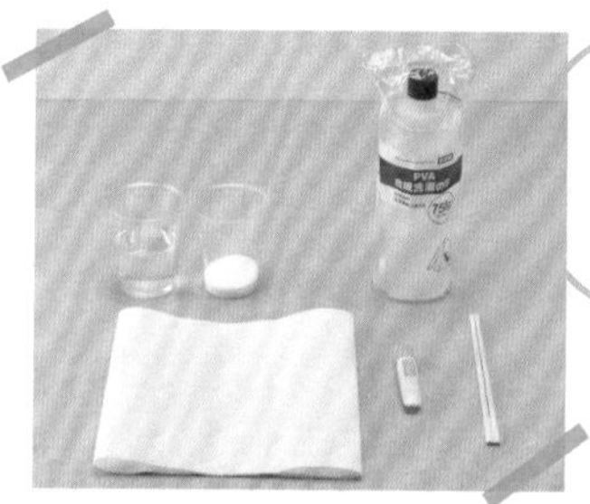

写真や図を上手に入れるとさらにいいニャ。

⑤結果

絵の具を入れなくても、食塩水に洗たくのりを混ぜ合わせたらすぐにかたまりができた。そのかたまりから水気を取って丸めたら、スーパーボールになった。

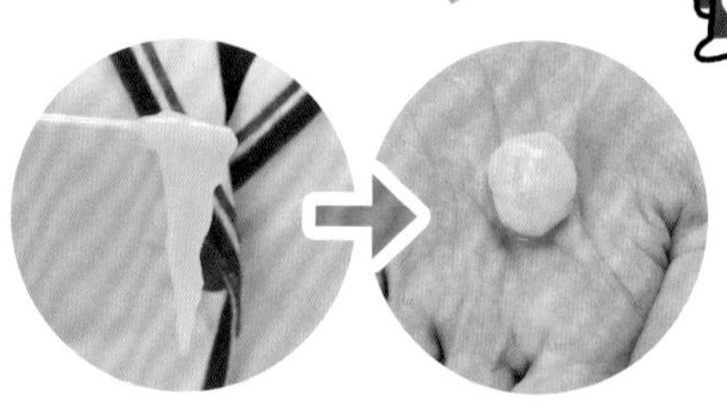

実際の変化や見たことをかこう。

⑥考察

絵の具を入れなくてもスーパーボールをつくることができた。食塩を入れないとスーパーボールはできなかった。→固めるために絵の具は必要ない。食塩を入れることが大事！

わかったことをかこう。発見や気づいたこと、うまくいった理由や失敗した理由、反省点などをまとめるよ。

⑦出典

五十嵐 美樹「ラボ１ 虹色変換めがね・スーパーボール・磁石と電池のおもちゃ ほか」金の星社、2023年

参考にした本のタイトルやインターネットのサイトがあれば、かいておこう。

⑧感想

今度はもっときれいな丸い形のスーパーボールをつくりたい。

おどろいたこと、新たに興味がわいたこと、今後の課題などをかこう。

かくことはわかったニャ。でも何にかいたらいいニャ？

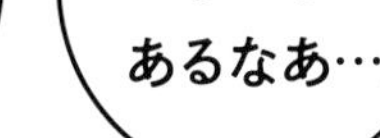

う〜ん。いろいろあるなあ…。

じゃあ、いくつか紹介するから、みんながいいなって思うものを選んでね！

ノート

かきたいことがたくさんあるときにぴったり！　コンパクトだから持ち運びやすくて、提出も楽ちん。１冊にまとめられるから、ふり返りもしやすいよ。

ページ番号をかいて、もくじをつくるとわかりやすいニャ！

スケッチブックやスクラップブック

写真を大きくはったり、絵の具や色えんぴつ、マーカーなどさまざまな道具を使ったりして、楽しく、自由に表現できるよ。

模造紙や画用紙

ページをめくる必要がないから、上手に写真や図を配置すれば、みんなに楽しく読んでもらえるよ。黒板や掲示板にはるのにおすすめ！　１枚でビッグにまとめちゃおう。

まとめるのもとっても楽しそうニャ！

レッツサイエンス！
科学実験＆工作
全２巻

A4 変型判／各 48 ページ／
NDC432 ／図書館用堅牢製本

ラボ１
虹色変換めがね・スーパーボール・磁石と電池のおもちゃ ほか

ラボ２
レインボージュース・プラダンカー・風力発電装置 ほか

●監修　五十嵐 美樹（いがらしみき）

サイエンスエンターテイナー。東京都市大学人間科学部特任准教授。東京大学大学院情報学環客員研究員。ジャパンGEMS センター特任研究員。東京大学大学院修士課程および東京大学科学技術インタープリター養成プログラム修了。株式会社 ワオ・コーポレーション所属。NHK 高校講座「化学基礎」レギュラー出演中。科学実験教室やサイエンスショーを全国各地の子どもたちにむけて開催、講師を務める。科学館や小学校だけでなく、商業施設や地域の祭り、寺など幅広い場所でサイエンスショーを開催し、科学の一端に子どもたちが触れるきっかけを創り続けている。日産財団「第１回リカジョ賞」準グランプリ、日本臨床工学会「第１回 Ideal CE 賞」を受賞し、「Falling Walls Science Breakthrough of the Year 2022」サイエンスエンゲージメント部門にて日本人唯一の世界の 20 人に選出されている。

●編集・制作　株式会社 アルバ
●執筆　大西 光代
●デザイン　門司 美恵子　田島 望美
関口 栄子（チャダル）
● DTP　Studio Porto
●写真　林 均
●イラスト　徳永 明子
●スタイリング　みつま ともこ
●校正・校閲　株式会社 聚珍社

令和５年６月 19 日より、消費生活用製品安全法施行令（昭和四十九年政令第四十八号）別表第一に定められた特定製品※に、磁石製娯楽用品・吸水性合成樹脂製玩具が追加されました。本書 P30 〜 41 で用いる実験材料は当該玩具ではございませんが、同様の材質のものを使用しています。当該玩具では、子どもの誤飲による事故・死亡事故が報告されています。誤って飲みこまないよう、取り扱いには十分注意してください。

※「特定製品」とは、消費生活用製品のうち、構造、材質、使用状況等からみて一般消費者の生命又は身体に対して特に危害を及ぼすおそれが多いと認められる製品で政令で定めるものをいう（消費生活用製品安全法（昭和四十八年法律第三十一号）より抜粋）。

レッツサイエンス！
科学実験＆工作
ラボ１ 虹色変換めがね・スーパーボール・磁石と電池のおもちゃ ほか

初版発行　2023 年７月
第２刷発行　2024 年９月

監修　五十嵐 美樹
発行所　株式会社 金の星社
〒111-0056 東京都台東区小島 1-4-3
TEL 03-3861-1861（代表）FAX 03-3861-1507
振替 00100-0-64678
ホームページ　https://www.kinnohoshi.co.jp
印刷・製本　TOPPANクロレ 株式会社

48P 26.6cm NDC432 ISBN978-4-323-05240-3